NOTICE INDISPENSABLE

pour employer convenablement les

EXTRAITS AROMATIQUES

DE

LÉGUMES ET DE CONDIMENTS

COMPOSÉS

PAR J. MULOT

Admis à l'Exposition de 1844

MAISON PRINCIPALE

Rue Grange-aux-Belles, 57, à Paris

DÉPÔT DANS LES PRINCIPALES VILLES
ET PORTS DE FRANCE

1845

Paris. — Imprimerie Panckoucke, rue des Poitevins, 14

INTRODUCTION.

Lorsque je conçus l'idée d'extraire des légumes dont l'usage est le plus journalier et le plus général, tels que des *carottes*, des *panais*, des *oignons*, des *poireaux*, des *navets*, du *céleri*, de l'*estragon*, des *champignons*, des *truffes*, des *aulx*, du *laurier*, du *persil*, du *thym*, etc., l'arome, le pur, le véritable arome qui distingue chacune de ces plantes, et qui, au dire des plus fins dégustateurs, acquiert ainsi un degré de saveur bien supérieur à celui des légumes mêmes, et qui est, sans contredit, un puissant antiscorbutique, je n'avais eu véritablement en vue que d'offrir à la marine un perfectionnement et une grande économie dans le régime alimentaire, aussi bien qu'une importante amélioration ; car, qui ne connaît les privations des marins après plusieurs mois de navigation, par l'impossibilité de conserver des légumes frais ? Quand bien même on pourrait en embarquer, leur volume et leur poids sont une considération, relativement au poids et au volume de mes extraits, qui, sous toutes les influences de température, n'éprouvent aucuns changements ni aucunes altérations, si l'on a le soin de ne pas laisser trop longtemps les bouteilles en vidange, et de les tenir renversées, pour éviter que l'air atmosphérique ne vienne nuire à leurs qualitées essentielles.

J'avais donc remporté une victoire au profit de cette classe si intéressante qui mérite, sous tous les rapports, l'intérêt de tout le monde : car, à l'aide de mes extraits, plus de privations sur mer, puisqu'avec leur secours on pourra en tout temps, en tous lieux, se procurer instantanément les aromes de tous les légumes, si nécessaires à la confection de tous les mets et de tous les potages de la cuisine française, qui est aujourd'hui la cuisine de tous les peuples civilisés. Voilà donc quel était mon but primitif.

Admis à l'exposition des produits de l'industrie de 1844, je me suis trouvé à même d'entendre toutes les observations qui pouvaient être faites par les nombreux visiteurs, qui, de toutes les parties de la France, de l'Europe même, sont venus voir cette réunion de produits de tous les arts utiles ; et là, j'ai acquis la conviction que mes extraits de légumes étaient appelés à être acceptés et à être mis en pratique par toutes les classes de la société qui comprennent l'économie du temps, du combustible, et l'avantage d'un dérangement de moins, et aussi en raison de l'extrême facilité avec laquelle on peut en faire l'emploi ; car, à n'en pas douter, on obtient un grand perfectionnement dans la confection de tous les mets dans lesquels on est obligé de faire entrer les légumes, et que jusqu'à présent les maîtres de l'art, et Carême tout le premier, hésitaient à employer, parce qu'ils laissaient après eux, dans la bouche, une âpreté, une amertume, un arrière-goût que rien ne pouvait adoucir ni neutraliser.

Aujourd'hui, par mon perfectionnement, cette amertume, cet arrière-goût ont disparu sans retour : l'arome du légume, dépouillé de tous les principes défectueux qu'il tenait du sol, de la culture, ou même de la cuisson, est plein, entier, dans toute sa force, dans toute sa primeur, et pénètre activement dans toutes les parties du mets dans lequel il doit dominer ou seulement se faire sentir; par cette centralisation d'aromes, on obtiendra aussi à la minute, et comme par magie, des potages, des sauces, des assaisonnements qui exigeaient de grandes et fastidieuses préparations. Ainsi donc, par la modicité de leur prix, par l'économie bien prouvée de leur emploi, comparativement aux anciens procédés usités jusqu'à ce jour, mes extraits doivent nécessairement être préférés à tout. Dans les châteaux comme dans les chaumières, sur terre comme sur mer, cette découverte est appelée à faire une révolution dans l'art culinaire; et aujourd'hui que toutes les idées utiles, que tous les efforts généreux, que toutes les découvertes importantes trouvent des protecteurs, des apologistes et des appuis, il est impossible que mon perfectionnement ne trouve pas une vogue et une faveur croissante, lorsque l'on aura pris la peine de l'expérimenter. Il n'est pas jusqu'à l'intrépide voyageur, au chasseur même, qui, dans leurs explorations d'un pays inculte ou inhabité, pourront ne rien changer à leur manière de vivre habituelle, en ayant la précaution de se munir d'un petit assortiment d'extraits mentionnés plus bas. Certes, cette utile découverte est une victoire remportée au profit de l'humanité, au profit de ses besoins, de ses jouissances de chaque jour. Grâce à mes préparations, ni les mauvaises récoltes, ni les saisons contraires ne peuvent plus avoir de fâcheuses influences sur nos tables : mes extraits aromatiques de carotte, de navet, de poireau, d'oignon, etc., etc., rendront désormais impossible la disette de ces légumes.

Jusqu'à présent on ne s'était pas rendu compte des altérations physiques qu'éprouvaient les viandes que l'on mettait cuire avec les légumes; on n'avait pas remarqué que les racines potagères, formées de parties filamenteuses et cellulaires, absorbaient une grande quantité de leurs sucs essentiellement nutritifs (et en pure perte, car dans le pot au feu, par exemple, ces légumes ne sont pas même mangés par les domestiques, surtout quand la saison les a rendus durs et même sans saveur). **Les expériences que** depuis deux ans je ne cesse de faire, m'ont parfaitement convaincu de ce phénomène, qui, je n'en doute pas, sera justifié par toutes les personnes qui voudront bien s'en rendre compte; elles trouveront comme moi que les viandes cuites, comme je le dis plus haut, sont bien moins savoureuses, bien moins délicates que celles cuites à l'aide de mes extraits. Cela se conçoit facilement; les extraits, loin de s'emparer d'aucune partie des substances animales, viennent, au contraire, les pénétrer de leur saveur aromatique, et concentrent, au contraire, toutes les parties succulentes que les légumes leur enlevaient : car toutes ces cellules se vidant pour laisser échapper leurs sucs particuliers et leur arome, s'emparaient immédiatement de cet osmazôme, qu'il est essentiel de conserver avec soin. Les résultats que l'on obtiendra sont incontestables et viendront prouver la supériorité de mon procédé.

Quoiqu'il n'entre pas dans ma manière de voir de donner des conseils pour les préparations culinaires, j'ai cru cependant utile de donner quelques formules que j'ai expérimentées, et qui donneront la clef pour l'emploi de mes extraits. Je m'occuperai seulement de la confection des mets et potages les plus journellement et les plus généralement apprêtés. Avec ces notions, on jugera facilement des immenses avantages que l'on obtiendra dans les cuisines les plus simples, comme dans les plus fastidieuses.

Les maîtres et maîtresses de maison à qui je m'adresse particulièrement, m'honoreront de leurs suffrages, j'ose l'espérer, lorsqu'ils auront bien voulu mettre en pratique mes extraits, qui, sous le rapport hygiénique, ne laissent rien à désirer.

NOTICE

SUR LES

EXTRAITS AROMATIQUES

DE LÉGUMES

et sur la manière de les employer avec avantage et économie.

EXTRAIT PUR D'OIGNONS.

Cet extrait est un de ceux qui seront le plus communément employés. Sa préparation, dépouillée de toutes les substances nuisibles que contient ce légume, et dont peu de personnes mangent, à cause de l'arrière-goût désagréable qu'il laisse à la bouche et même dans l'estomac, pendant et après la digestion, sera désormais banni des mets dans lesquels il était habituellement employé, pour être remplacé par l'extrait du légume. Aujourd'hui, rien ne pourra priver le consommateur qui, aimant seulement l'arome de l'oignon, pourra en user à son gré, sans craindre d'en être le moins du monde incommodé. Je ne désignerai pas la grande quantité de mets dans la composition desquels l'oignon entre comme formule essentielle; je dirai seulement qu'une cuillerée à bouche de cet extrait suffit pour aromatiser un demi-kilogr. de viande ou un potage pour une personne.

EXTRAIT PUR DE CAROTTES.

Cet extrait doit être employé de préférence aux carottes mêmes, puisqu'en tout temps il sera facile de préparer un ragoût aromatisé à ce légume. L'extrait de carottes donne, selon la quantité, plus ou moins de goût aux potages et aux sauces, de quelque manière qu'ils soient apprêtés ; une cuillerée à bouche par demi-kilogr. de viande ou par potage pour une personne, suffit. Il est indispensable dans la confection des bœufs à la mode, dans les gigots à l'eau, et dans les potages appelés à la Crécy.

EXTRAIT PUR DE NAVETS.

Cet extrait, de même que le précédent, doit être employé de préférence aux navets mêmes, puisqu'il procure les mêmes avantages, et qu'il est aussi facile à employer. L'extrait de navet donne, selon la quantité, plus ou moins de goût aux potages, aux sauces et au lait, de quelque manière qu'ils soient apprêtés. Avec lui on peut préparer en tout temps, un canard aux navets, sans navets. On peut également préparer une purée à cet arome, en ajoutant une ou plusieurs cuillerées de cet extrait à une sauce blanche un peu épaisse, il donne un excellent goût à un haricot de mouton.

EXTRAIT PUR DE POIREAUX.

L'extrait de poireaux, qui réunit les mêmes avantages que les précédents, peut être aussi facilement employé. Il doit servir de préférence aux potages faits avec ce légume, et est bien loin d'occasionner les mêmes désagréments. C'est aux consommateurs qui en aiment le goût à s'en servir à leur guise, je n'ai pas de précepte à donner à cet égard ; mais je suis convaincu que l'on donnera la préférence à l'extrait plutôt qu'au légume même.

EXTRAIT PUR DE CHAMPIGNONS.

Cet extrait, préparé avec un soin tout particulier, doit être préféré aux champignons mêmes, qui ne servent véritablement qu'à donner aux mets dans lesquels on les fait entrer, qu'une saveur agréable, et que beaucoup de personnes craignent de manger à cause des accidents qu'ils ont souvent occasionnés, seront désormais bannis des mets et des sauces dans lesquels ils étaient habituellement employés, pour être remplacés par l'extrait que j'ai préparé avec cette plante. Les doses sont les mêmes que pour les précédentes, et s'emploie avec la même facilité.

EXTRAIT DE BOUQUET GARNI.

Chacun sait qu'un bouquet garni se compose de persil, de thym, de laurier, etc. Cet extrait obtenu à l'aide des plantes qui entrent dans la composition des bouquets employés jusqu'à présent en cuisine, dans une foule de sauces et d'assaisonnements, est tellement pur et dépouillé de toute âcreté, qu'il donne aux mets dans lesquels on le fait entrer, une finesse d'arome et une saveur exquise, et qui n'agit pas sur nos organes d'une manière irritante comme les bouquets composés employés jusqu'à ce jour. Toutes les pièces qu'on voudra faire mariner avec une addition de vin blanc ou de vinaigre comme on a l'habitude de le faire, obtiendront instantanément, au moyen de mon composé, cet avantage si désirable. Toutes les viandes, les volailles et le gibier seront donc sur-le-champ imprégnées de la saveur qui doit leur être propre avant la cuisson; une cuillerée à café dans un ragoût quelconque suffit pour l'aromatiser convenablement. Ces considérations sont bien faites pour obtenir la préférence sur l'ancienne méthode, suivie jusqu'à ce jour, en fait de bouquet garni de marinade.

EXTRAIT POUR MOUILLEMENT D'ENTRÉES.

L'extrait composé pour mouillement d'entrées quelles qu'elles soient, remplacera avec une immense avantage les légumes habituellement employés à cet usage. Il suffit seulement de savoir que les racines absorbent de la viande, de la volaille, du gibier et même du poisson, une portion du suc nutritif égale à leur volume; le composé pour mouillement d'entrées, au contraire, concentrera tous les jus essentiels des diverses viandes que je viens de désigner, mais ce ne sera que par l'emploi de mon extrait, que le consommateur pourra se convaincre de l'assertion que je ne crains pas de soutenir. Une ou plusieurs cuillerées, selon la nature ou le volume du mets que l'on mettra en cuisson, seront suffisantes pour lui donner un goût exquis. On peut sans inconvénient augmenter la dose selon qu'on le jugera convenable; cependant, j'engage à goûter plutôt deux fois qu'une, afin de faire les choses dans la perfection.

EXTRAIT POUR POTAGES GRAS OU MAIGRES.

Ces extraits combinés remplacent les légumes que l'on emploie habituellement pour donner au pot au feu proprement dit les éléments de confection et la saveur indispensable à ce mets, le plus simple et le plus communément employé en ménage. Une **cuillerée** à bouche de cet extrait pour un demi-kilogr. de viande suffit pour donner un arome très-agréable au bouillon; il faut simplement le mettre dans le bouillon une heure avant de le servir. Cet extrait s'emploie aussi pour les potages maigres, à la dose d'une cuillerée à bouche par personne; celles qui ne trouveront pas le bouillon assez aromatisé à leur goût, pourront en ajouter une plus grande quantité ou faire dominer tel ou tel arome.

EXTRAIT DE LÉGUMES CARAMÉLISÉ.

Cet extrait est destiné à donner aux bouillons gras ou maigres et aux sauces, une couleur et principalement une saveur préférable à tout ce qui a été employé jusqu'à ce jour. Une demicuillerée à bouche est suffisante pour un pot-au-feu d'un kilogr. et demi, de même que pour un ragoût ou une sauce brune. Dans tous les cas, dispensezvous de faire roussir votre farine dans le beurre pour lui donner une couleur plus ou moins foncée; mais faites usage de l'extrait caramélisé qui est composé tout exprès pour cet usage, et qui n'est autre chose qu'un extrait de légumes rapproché à consistance sirupeuse, et qui est cent fois préférable et bien plus salubre.

Observations. — Les personnes qui veulent absolument servir des oignons ou tout autre légume pour garniture, peuvent également le faire, en faisant cuire les légumes à part dans l'eau et le sel; mais dans tous les cas, pour avoir un mets bien fini, il ne faut pas faire cuire les légumes avec les viandes. Dans les matelottes, par exemple, elles peuvent faire cuire à part de petits oignons et les mettre sur le plat au moment de servir.

POT-AU-FEU OU BOUILLON GRAS PROPREMENT DIT.

Prenez deux ou trois kilogrammes de bœuf le plus nouvellement tué possible, mettez-le dans une marmite avec quantité suffisante d'eau de rivière et une demi-cuillerée à bouche d'extrait caramélisé; faites écumer; laissez cuire à petit feu pendant trois heures; salez, puis ajoutez au bouillon une cuillerée à bouche par demi-kilogr. de viande d'extrait aromatique contenu dans la bouteille dont l'étiquette porte, potages gras ou maigres; laissez encore cuire à feu lent pendant une heure ou deux, et vous aurez un excellent bouillon. Si vous ne le trouvez pas assez aromatisé à votre goût, vous pouvez ajouter, sans inconvénient, une ou plusieurs cuillerées de la même préparation; ou si vous voulez faire dominer un arome, ajoutez une cuillerée ou deux d'extrait pur de carottes, ou de poireaux ou de navets, ou de tout autre arome. Chaque bouteille de ces aromes est vendue séparément. Il est inutile de prescrire que, pour faire un bouillon encore plus succulent, on peut mettre dans la marmite, soit des abatis de volaille, soit une poule, soit tout autre chose. Le but que je me propose n'est pas de donner des leçons, mais bien d'enseigner la manière d'employer avantageusement mes extraits. Économie : Une cuillerée à bouche de ces extraits revient aux consommateurs à un centime et demi à peu près; donc pour un pot-au-feu de deux kilogr., on aura dépensé six à huit centimes, et l'on n'aura pas perdu son temps à éplucher, à laver des légumes qu'il aura fallu préalablement aller acheter, et l'on aura conservé à la viande tous les sucs que les parties musculaires contiennent. Après trois heures de cuisson, on peut très-bien servir son potage, le bœuf ne sera peut-être pas extrêmement cuit, mais sera très-bon à manger.

Nota. — Les extraits aromatiques peuvent être servis dans des carafons sur la table, et chaque convive peut, à son gré, faire dominer l'arome qu'il préfère, soit dans le potage, soit dans les sauces, soit dans n'importe quelle entrée.

POTAGE AU GRAS A LA MINUTE.

Prenez gros comme une noix de glace de viande, ou une cuillerée ou deux de jus de viande et de volaille ; faites fondre cette glace ou ce jus dans un demi-litre d'eau bouillante avec un peu de sel ; ajoutez une cuillerée à bouche d'extrait spécialement composé pour les potages gras ou maigres (ainsi désigné sur l'étiquette), et vous aurez un excellent bouillon. Vous pouvez vous servir de ce bouillon pour les potages au vermicelle, à la semoule, au macaroni, en faisant cuire dans ce bouillon les pâtes ci-dessus. La quantité d'eau et d'arome que j'indique plus haut n'est que pour un potage pour une personne ; vous augmenterez les doses d'après le nombre que vous aurez à servir.

POTAGE AU VERMICELLE (MAIGRE).

Faites bouillir un demi-litre d'eau avec quantité suffisante de sel ; faites cuire dans cette eau votre vermicelle ; étant cuit, ajoutez-y une cuillerée d'extrait pour potages gras ou maigres, gros comme une noix de beurre, et un peu d'extrait caramélisé pour lui donner de la couleur, et vous aurez un potage d'un goût exquis, et aussi savoureux que s'il était préparé avec du bouillon gras.

Ce potage peut être préparé à tout autre arome, tel qu'à celui de carottes, de navets, d'oignons, de poireaux, selon le goût; il suffit d'employer un de ces extraits, au lieu de celui composé pour les potages gras ou maigres.

POTAGE A LA SEMOULE (MAIGRE).

Ce potage se prépare de la même manière que celui au vermicelle; on peut y ajouter une liaison de jaunes d'œufs.

POTAGE AU MACARONI (MAIGRE).

Le macaroni se fait cuire comme le vermicelle; on y ajoute seulement, lorsqu'il est cuit, du fromage de parmesan ou de gruyère rapé.

POTAGE AU RIZ (MAIGRE).

Il faut 30 grammes de riz par personne : faites crever doucement dans de l'eau; donnez de la couleur avec un peu d'extrait caramélisé, et ajoutez l'arome que vous préférez. L'extrait de carottes pur fait un très-bon potage à la Crécy.

POTAGE AUX GRENOUILLES.

Faites cuire des cuisses ou des corps de grenouilles dans de l'eau avec du sel; donnez la couleur avec l'extrait caramélisé, et ajoutez une cuillerée à bouche par personne d'extrait composé pour potages gras ou maigres; vous aurez un potage qui ressemblera, pour le goût, au bouillon gras.

BOUILLON DE POISSONS (OU BOUILLIE-ABAISSE).

Faites mariner, dans 250 grammes d'huile d'olive, quatre cuillerées à bouche d'extrait pur d'oignons, une cuillerée à bouche d'extrait de bouquet garni, des poissons de mer, tels que rougets, soles, anguilles de mer, merlans, etc., que vous aurez coupés en tronçons, et que vous remuerez de temps en temps; lorsque votre poisson aura resté une heure ou deux dans cette marinade, versez le tout dans un chaudron avec cinq verres d'eau, sel et poivre et un peu de safran; faites cuire à feu vif pendant une demi-heure; lorsque votre poisson sera cuit, versez bouillant sur des tranches de pain que vous aurez passées au beurre, si vous le préférez. Servez chaud. Les tronçons de poissons se mangent, si on le préfère, avec un ayoli, qui se prépare en pilant soigneusement dans un mortier des gousses d'ail, que l'on mouille ensuite, en remuant toujours avec le pilon, d'huile d'olive pure, et d'un jaune d'œuf cru. Cette préparation bien faite doit avoir la consistance du beurre; elle prend alors le nom de beurre d'ail.

SOUPE AUX HERBES.

Votre oseille étant lavée et épluchée, passez-la au beurre; lorsqu'elle est cuite, mouillez petit à petit avec de l'eau, jusqu'à suffisante quantité; salez à point, et au moment de jeter votre bouillon ainsi préparé, mettez une ou deux cuillerées d'extrait composé pour potages gras ou maigres.

SOUPE A L'OIGNON SIMPLIFIÉE.

Faites bouillir, eau et sel, selon la quantité de personnes que vous avez à servir; donnez une légère couleur à votre bouillon avec un peu d'extrait caramélisé; ajoutez une ou plusieurs cuillerées d'extrait pur d'oignons (une cuillerée à bouche par personne est suffisante); puis, jetez ce bouillon sur votre pain, sur lequel vous aurez mis un morceau de beurre qui fondra de lui-même. S'il vous convient de manger cette soupe avec du fromage, rapez-en, et mettez-le par couches sur votre pain coupé en tranches : en préparant ainsi ce potage, vous ne craignez pas ces rapports inévitables, et que rien ne pouvait neutraliser par l'ancienne méthode que l'on avait de faire cuire dans le beurre des oignons, qui, malgré toutes les précautions qu'on pouvait prendre, laissaient toujours un goût fort désagréable à la bouche; aussi beaucoup de personnes s'abstenaient-elles de faire usage de ce légume. Cet inconvénient est entièrement levé par l'emploi de mon extrait.

PANADE.

Ce potage se fait en mettant cuire ensemble son pain, son eau, son sel et son beurre. La panade doit être légère et bien cuite. Ajoutez, au moment de servir, une ou plusieurs cuillerées d'extrait composé pour potages gras ou maigres. Liez avec des jaunes d'œufs.

SOUPE AU LAIT.

Faites bouillir la quantité de lait nécessaire, à feu doux ; ajoutez du sel, et aromatisez soit avec l'extrait pur d'oignons ou l'extrait pur de navets ; versez ensuite votre lait bouillant sur le pain. Liez, si vous voulez, avec des jaunes d'œufs.

Nota. — Avec les extraits aromatiques de légumes, on peut varier à l'infini le nombre des potages et des soupes. Mais je dois m'arrêter ici, mon intention, comme j'ai déjà eu l'honneur de le dire, n'étant pas d'enseigner l'art du cuisinier. Ce que je cherche à faire comprendre, c'est qu'avec le moindre goût on peut tirer un parti très-avantageux de mes extraits, tant sous le rapport de l'économie que sous celui du peu de temps qu'il est nécessaire d'employer pour se procurer ces mets qui se distinguent par leur saveur, qu'il n'est pas possible d'obtenir, avec autant de promptitude et de bien fini, par les anciens procédés. Il en est de même pour les sauces dont je vais parler.

DES SAUCES.

SAUCE BLONDE.

Faites chauffer dans une casserole un morceau de beurre et une cuillerée de farine; teintez, sans faire roussir, avec un peu d'extrait caramélisé; mouillez avec du bouillon et du jus de viande, et ajoutez une cuillerée à bouche d'extrait pour mouillement d'entrées ou d'extrait pur de carottes, ou de navets, ou d'oignons, selon l'emploi que vous voulez en faire.

SAUCE AUX CORNICHONS.

Hachez des cornichons et mettez-les dans une casserole avec du beurre et du sel; liez avec un peu de chapelure de pain; mouillez avec du bouillon ou de l'eau, et ajoutez une ou plusieurs cuillerées d'extrait composé pour mouillement d'entrées, selon la quantité de sauce que vous voulez faire.

SAUCE A LA MÉNAGÈRE.

On fait bouillir doucement, pendant vingt minutes, trois ou quatre décilitres de vin blanc avec du jus de viande, un peu de beurre, de la chapelure de pain, et une ou plusieurs cuillerées d'extrait composé pour les mouillements d'entrées : à l'instant de servir, ajoutez un filet de vinaigre.

SAUCE AUX CHAMPIGNONS.

Faites une sauce blanche, ou rousse, avec du beurre, de la farine, de l'eau et du sel; lorsqu'elle sera cuite, ajoutez une ou plusieurs cuillerées d'extrait de champignons.

Nota. — Comme je l'ai dit en parlant des potages, il y a une infinité de sauces dans lesquelles on doit faire entrer les extraits aromatiques. L'idée que je viens d'en donner, mettra à même de les varier, selon son goût et leur opportunité.

BŒUF A LA MODE.

Piquez de gros lardons un morceau de bœuf; faites-le revenir dans une casserole; quand il aura pris une légère couleur, retirez-le.

Foncez votre casserole de couennes de lard, un peu de jarret ou de pied de veau; mouillez avec du bouillon, si vous en avez; ajoutez quatre à cinq cuillerées de mouillement d'entrées, selon la grosseur du morceau de viande; salez et poivrez; remettez votre bœuf, couvrez hermétiquement votre casserole, et faites cuire à petit feu.

Si vous désirez faire dominer l'arome de la carotte ou de l'oignon, ajoutez une ou deux cuillerées de chaque extrait.

BŒUF AU GRATIN.

Foncez un plat de beurre et de chapelure de pain; mettez votre bœuf, bouilli dans le pot-au-feu et coupé par tranches, dans votre plat; mouillez avec du bouillon et une ou deux cuillerées d'extrait composé pour les mouillements d'entrées; recouvrez votre bœuf de chapelure, mettez le plat sur un feu doux et recouvrez d'un four de campagne pour faire gratiner. Pour donner à ce mets une saveur plus agréable, on peut, au moment de servir, y ajouter une ou deux cuillerées d'extrait de champignons.

FILET DE BOEUF A LA BROCHE.

Vous le dégraissez et parez proprement, et le piquez de lard par-dessus; faites-le mariner pendant vingt-quatre heures dans l'huile d'olive et mouillement d'entrées battus ensemble, et le faites cuire à la broche; vous l'arroserez, en cuisant, avec sa marinade.

HACHIS DE BOEUF.

Hachez très-fin le bœuf cuit dans le pot-au-feu avec un peu de chair à saucisse et de mie de pain trempée dans du bouillon ou du lait; mouillez le tout de deux ou trois cuillerées de mouillement d'entrées et d'un peu d'extrait de champignons; faites-le revenir dans une casserole avec sel, poivre et un morceau de beurre.

GRAS-DOUBLE GRILLÉ.

La partie la plus épaisse du gras-double est la meilleure. Après l'avoir bien nettoyé, vous le faites cuire à l'eau avec de l'extrait pur de carottes, d'oignons et de bouquet garni, sel, gros poivre; quand il est cuit, vous l'égouttez, le coupez en morceaux de la grandeur de 3 centimètres carrés, et le couvrez de beurre frais fondu ou d'huile, sel, poivre; vous le panez de mie de pain, le faites griller et le servez avec une sauce piquante.

DU VEAU.

TÊTE DE VEAU A LA VINAIGRETTE.

Échaudez-la ; faites-la dégorger et bouillir dans l'eau pendant une demi-heure ; faites-la rafraîchir dans l'eau froide ; désossez la mâchoire inférieure, ainsi que le mufle, de manière à ne laisser que les os du crâne ; enveloppez-la dans une serviette avec des ronds de citron ; faites-la cuire ensuite à petit feu dans de l'eau assaisonnée d'extrait pour mouillements d'entrées, à laquelle vous joindrez un peu de farine (pour faire une eau blanche) et du lard gras râpé. Lorsqu'elle sera parfaitement cuite, faites égoutter et servez-la sur un plat entourée de persil, et placez auprès, dans une saucière, une sauce verte.

TÊTE DE VEAU FRITE.

Les restes de la tête de veau cuits comme ci-dessus, se font frire dans la poêle par morceaux trempés dans une pâte composée de farine, de jaunes d'œufs délayés avec de l'eau et un peu d'eau-de-vie.

FRAISE DE VEAU.

La fraise de veau, ainsi que les pieds, se font cuire de la même manière que la tête ; les restes peuvent également être frits.

MOU DE VEAU AU BLANC.

Faites blanchir et dégorger un mou de veau ; coupez-le par petits morceaux et le mettez dans une casserole avec du beurre et une pincée de farine sans roussir ; mouillez avec du bouillon et deux cuillerées de mouillement d'entrées ; quand il sera presque cuit, ajoutez deux cuillerées ou plus d'extrait de champignons, et deux cuillerées d'extrait pur d'oignons; liez avec des jaunes d'œufs au moment de servir.

MOU DE VEAU EN MATELOTTE.

Faites-le dégorger et cuire à moitié dans l'eau avec sel et vinaigre; faites égoutter. Mettez dans une casserole les morceaux de mou ainsi préparés; mouillez avec du vin et deux ou trois cuillerées de mouillement d'entrées, autant d'extrait d'oignons, sel, poivre. Lorsqu'ils seront cuits, ayez des boulettes de beurre maniées avec de la farine, et faites lier votre sauce en agitant continuellement votre casserole sans la sortir du feu.

FRICANDEAU.

Faites cuire, dans une casserole que vous aurez foncée de couennes de lard et des débris de votre viande, avec trois verres de bouillon et trois cuillerées de mouillement d'entrées, une noix de veau piquée, avec feu dessus le couvercle; lorsque votre veau sera cuit et de belle couleur, faites réduire la sauce en y ajoutant deux cuillerées d'extrait de carottes et autant d'extrait de champignons; passez et servez, soit seul, ou avec une garniture d'oseille, d'épinards ou de chicorée.

RIS DE VEAU.

Après avoir été blanchis et piqués de lard fin, les ris de veau se font cuire de la même manière que le fricandeau, et se servent de même.

VEAU RÔTI.

Faites mariner pendant trois heures un morceau

de veau dans de l'huile d'olive, deux cuillerées d'extrait de champignons, deux cuillerées de mouillement d'entrées bien battus ensemble; mettez-le à la broche, et arrosez-le de sa marinade pendant sa cuisson.

CÔTELETTES GRILLÉES ET PANÉES.

Après avoir paré vos côtelettes, faites-les mariner pendant une ou plusieurs heures dans de l'huile d'olive et deux cuillerées de mouillement d'entrées, battus ensemble, sel et poivre; panez-les avec de la mie de pain et mettez-les sur le gril, à un feu doux; quand elles sont cuites, vous les servez avec un jus clair dessous ou sans jus.

Observations.—Pour tous les ragoûts, blanquette, etc., vous vous servez, selon votre goût, soit de l'extrait pour mouillement d'entrées, soit de l'extrait de champignons ou de l'extrait d'oignons. Votre palais est votre guide dans tous les cas; vous aurez à volonté tel ou tel arome d'une finesse incontestable, et une grande écomomie.

DU MOUTON.

GIGOT RÔTI.

Il faut qu'il soit bien mortifié, et la chair aura plus de goût, si, après l'avoir dépouillé de sa peau, on lui fait passer deux heures dans une marinade composée de mouillement d'entrées et d'huile d'olive battus ensemble. On le fait cuire à un feu très-vif. De cette manière, on peut se dispenser de piquer dans le manche des gousses d'ail. Arrosez, en cuisant, avec sa marinade.

GIGOT A L'EAU.

Retirez l'os du manche; lardez de gros lardons

et ficelez-le ; faites-lui prendre couleur dans une casserole garnie de bardes ou de couennes de lard. Ajoutez ensuite sept décilitres d'eau, un de vin blanc, et trois à quatre cuillerées de mouillement d'entrées, et trois cuillerées d'extrait pur de carottes. Faites cuire à petit feu pendant cinq heures ; servez avec le jus que vous aurez fait réduire.

HARICOT DE MOUTON.

Coupez par morceaux une épaule de mouton ; faites revenir ; saupoudrez de farine, mouillez avec du bouillon ; salez, poivrez ; ajoutez de l'extrait de mouillement d'entrées et de l'extrait pur de navets. Lorsqu'il est cuit, dégraissez et servez chaud.

CÔTELETTES DE MOUTON GRILLÉES.

N'aplatissez pas vos côtelettes si vous voulez les manger bonnes ; faites-les mariner avec huile d'olive, mouillement d'entrées, sel et poivre battus ensemble. Faites cuire sur un feu vif pour que leur suc soit bien concentré. Servez sans autre apprêt.

CÔTELETTES PANÉES.

Après avoir été marinées comme ci-dessus, panez-les avec de la mie de pain, et les faites cuire sur le gril à un feu pas trop vif, afin que la mie de pain ne noircisse pas. Servez-les au naturel ou avec une sauce composée de beurre frais et de fines herbes hachées.

DE LA VOLAILLE.

POULET A LA BROCHE.

Videz, flambez, bridez votre poulet que vous

aurez recouvert d'une barde de lard. Faites-le cuire à la broche en l'arrosant avec une cuillerée de mouillement d'entrées que vous aurez mis dans la lèchefrite ou dans le fond de votre cuisinière.

POULET A L'ESTRAGON.

Faites cuire dans un blanc votre poulet, ajoutez une ou deux cuillerées d'extrait pur d'estragon; faites réduire votre sauce et liez-la, au moment de servir, avec des jaunes d'œufs.

On peut préparer d'une autre manière un poulet à l'estragon, en introduisant par le larynx avec une petite pompe foulante, une quantité suffisante d'extrait d'estragon dans lequel on fait fondre un peu de sel; on laisse ce poulet ainsi injecté, suspendu par la tête, après lui avoir serré assez fortement le cou avec une ficelle, pendant un ou deux jours. On le vide alors, et, après l'avoir retroussé, on le met cuire à la broche : c'est un rôti délicieux. On peut également injecter toutes sortes de volailles avec l'extrait de champignons ou de truffes; mais il ne faut pas que la pièce injectée soit vidée d'avance, car alors l'injection deviendrait tout à fait impossible. Les pièces ainsi préparées peuvent également être apprêtées en fricassée sans qu'on ait besoin de leur adjoindre le moindre assaisonnement.

J'ai expérimenté ainsi plusieurs pièces, je les ai soumises à la dégustation de cuisiniers distingués, qui ont été on ne peut plus surpris du bon résultat que j'ai obtenu. Je me ferai toujours un vrai plaisir d'enseigner cette méthode aux personnes qui, faisant usage de mes extraits, voudront la connaître.

POULET A LA PAYSANNE.

Coupez-le par morceaux, que vous passerez sur le feu avec un peu de beurre et deux cuillerées d'huile d'olive; quand ils auront pris une belle couleur, vous ajouterez sel, poivre, mouillement d'entrées, extrait de carottes et extrait d'oignons, deux cuillerées à bouche de chacun, et une cuillerée à café de bouquet garni; mouillez d'un peu de bouillon et achevez de cuire.

POULE AUX OIGNONS.

Après l'avoir fait cuire à moitié dans le pot-au-feu, retirez-la; faites revenir du lard dans une casserole, et faites prendre couleur à votre poule; mouillez avec du bouillon, et ajoutez six cuillerées d'extrait d'oignons et une cuillerée à café de bouquet garni.

FRICASSÉE DE POULET.

Faites un blanc avec eau, farine et beurre; mettez votre poulet, entier ou coupé par morceaux, cuire dans ce blanc; écumez-le; ajoutez deux cuillerées d'extrait d'oignons et autant d'extrait de champignons, et une cuillerée à café d'extrait de bouquet garni au moment de servir; liez votre sauce avec des jaunes d'œufs.

DINDON A LA BROCHE.

Faites-le cuire de la même manière que le poulet; l'addition du mouillement d'entrées lui donne une saveur exquise.

ABATIS DE DINDON EN FRICASSÉE DE POULET.

Ce mets se prépare de la même manière que

la fricassée de poulet décrite plus haut, seulement faites blanchir vos abatis avant de les mettre cuire dans votre blanc.

ABATIS A LA PAYSANNE.

Ils se préparent de même que le poulet à la paysanne dont j'ai donné plus haut la recette.

PIGEONS RÔTIS.

Les pigeons rôtis doivent être, comme tous les autres rôtis, arrosés avec le mouillement d'entrées.

PIGEONS EN COMPOTE.

Faites prendre couleur à vos pigeons et à des morceaux de lard mis ensemble dans une casserole; retirez-les et faites revenir une cuillerée de farine sans la faire roussir; mouillez de bouillon et ajoutez extrait d'oignons et extrait de champignons, deux cuillerées à bouche de chaque, et une cuillerée à café de bouquet garni. Si vous voulez que votre sauce soit plus foncée en couleur, mettez-y un peu d'extrait caramélisé. Dans toutes les sauces brunes évitez de faire roussir votre farine, ce qui est presque toujours cause d'accidents, par le dégagement de l'étaim qui s'opère pendant cette opération du roussissage.

DU POISSON.

COURT-BOUILLON POUR TOUTES SORTES DE POISSONS.

Rien n'est plus simple et plus facile à préparer que le court-bouillon, que l'on obtient à l'aide de mes extraits. L'économie qui en résulte est très-facile à comprendre, en calculant le prix de revient d'une cuillerée à bouche de mes préparations et la quantité qu'il est nécessaire d'en employer pour obtenir comme par enchantement un résultat qui jusqu'à présent ne s'obtenait qu'avec une grande dépense de temps, de matière et de combustible, et qui est loin d'être parfait et d'offrir les mêmes avantages. Mettez dans une poissonnière une quantité d'eau, de vin blanc (ou si vous aimez mieux de vinaigre) proportionnée au volume ou à la grosseur de votre poisson, qui doit baigner entièrement dans le liquide; mettez donc, selon sa grosseur et selon la quantité du liquide, plusieurs cuillerées de mouillement d'entrées, autant d'extrait d'oignons et une petite quantité d'extrait de bouquet garni; salez suffisamment, goûtez s'il est de bon goût et faites cuire votre poisson. Par ce procédé aussi simple que facile votre poisson n'aura rien perdu de son suc particulier, et vous mangerez un mets dont la perfection d'assaisonnement n'avait point encore été obtenue jusqu'à ce jour.

L'usage de mes extraits dans les courts-bouillons et autres préparations, prouvera suffisamment ce que je ne crains pas d'avancer ici.

Le poisson cuit de cette manière, peut être mangé à telle sauce qu'il conviendra lui adjoindre. Le saumon, la truite, l'alose, le brochet, la carpe, le barbillon, la perche, la tanche, le maquereau, la barbue, la sole, le carlet, sont vraiment délicieux cuits ainsi.

MATELOTTE MARINIÈRE.

Les poissons que l'on emploie de préférence, sont, l'anguille, la carpe, le barbillon, la tanche et la lotte. On les coupe par tronçons après les avoir écaillés et vidés. Mettez-les dans un chaudron suffisamment grand, ajoutez du vin assez pour que votre poisson baigne, et de l'extrait d'ognons, de champignons, de bouquet garni, poivre et sel; faites cuire à un feu vif. Lorsque le tout sera en ébullition, mettez-y un demi-verre d'eau-de-vie; lorsque votre poisson sera cuit, liez votre sauce avec des boulettes de beurre que vous aurez pétries avec de la farine. Si vous désirez y mettre de petits oignons, ayez soin de les faire cuire à part, et ne vous en servez que comme garniture.

DES LÉGUMES.

PETITS POIS A LA BOURGEOISE.

Mettez dans une casserole un morceau de beurre, et une cuillerée à bouche de farine que vous faites fondre ensemble; ajoutez-y vos petits pois, que vous faites revenir; quand ils sont bien revenus, mouillez-les d'eau bouillante, et leur donnez une couleur plus ou moins foncée avec l'extrait caramélisé. Ajoutez-y sel, poivre et trois cuillerées de mouillement d'entrées; laissez réduire le tout; lorsque les pois seront cuits, mettez-y une liaison de jaunes d'œufs.

PETITS POIS AU BEURRE.

Mettez dans un vase quelconque deux litres de pois verts, 125 grammes de beurre frais, maniez-les ensemble, jetez-les ensuite dans une casserole que vous placerez sur un feu vif; sautez vos pois, mouillez-les avec deux cuillerées à bouche d'extrait d'oignons et une cuillerée à café de bouquet garni, sel et poivre; faites cuire doucement; au moment de servir, et lorsque vos pois bouillent encore, liez-les en les sortant du feu, en agitant constamment votre casserole, avec de petites boules de beurre; étant ainsi liés, renversez-les sur le plat et servez. Selon votre goût, mettez-y un peu de sucre en les faisant cuire.

PETITS POIS AU LARD.

Faites revenir dans une casserole du lard de poitrine coupé en dés; lorsqu'il sera assez revenu, jetez dedans vos pois; faites-les sauter; mouillez avec un peu d'eau chaude; ajoutez-y un peu de sel, poivre, deux cuillerées à bouche de mouillement d'entrées, et un peu d'extrait caramélisé pour donner une belle couleur. Lorsqu'ils seront cuits, liez-les avec quelques boulettes de beurre que vous aurez pétries avec de la farine.

PETIT SALÉ A LA PURÉE DE POIS.

Faites dessaler à moitié un morceau de petit salé; mettez dans une marmite vos pois et votre viande avec une suffisante quantité d'eau, pour que le tout y baigne; ajoutez-y deux cuillerées à bouche de mouillement d'entrées pour que votre purée soit d'un bon goût; lorsque vos pois sont cuits, passez-les en purée et servez sur la viande.

POMMES DE TERRE EN MATELOTTE.

Faites cuire vos pommes de terre à l'eau avec du sel; lorsqu'elles le seront suffisamment, retirez-les, pelez-les, coupez-les en tranches, et mettez-les dans une casserole avec beurre, sel, poivre; saupoudrez d'un peu de farine, mouillez-les avec du bouillon et quantité suffisante de bon vin, ajoutez-y deux cuillerées à bouche de mouillement d'entrées et une cuillerée à café de bouquet garni ; faites-les bouillir et réduire la sauce, et servez.

POMMES DE TERRE AU LARD.

Faites roussir dans du beurre des morceaux de lard de poitrine coupés en dés ; lorsqu'ils seront suffisamment revenus, mettez une petite cuillerée de farine ; faites tourner sur le feu avec du bouillon ou de l'eau tiède ; ajoutez-y deux cuillerées de mouillement d'entrées, et mettez dans cette préparation vos pommes de terre crues, que vous aurez préalablement épluchées ; quand elles seront cuites, dégraissez et servez.

PURÉE DE POMMES DE TERRE.

Faites cuire dans l'eau une suffisante quantité de pommes de terre jaunes ; lorsqu'elles seront cuites, pelez et pilez-les dans un mortier en les délayant avec du bouillon (crème ou lait pour maigre), puis mettez-les dans une casserole avec un morceau de beurre ; faites prendre à cette purée la consistance d'une bouillie épaisse, en remuant continuellement avec une cuiller de bois.

Cette purée ainsi préparée, vous pouvez l'aromatiser, soit avec l'extrait pur de navets, soit avec l'extrait pur d'oignons, ou tout autre extrait, et vous obtiendrez une purée de navets, ou une purée d'oignons, etc., sans qu'il soit possible de reconnaître le goût de pomme de terre, en ayant la précaution d'y introduire une quantité suffisante de l'extrait dont vous désirez vous procurer l'arome.

DES MARINADES EN GÉNÉRAL.

De toutes les viandes en général, le gibier est celui dont les chairs sont le plus ordinairement soumises à une préparation préliminaire que l'on appelle *mariner*. Je ne crois pas qu'il soit possible d'obtenir une bonne marinade, si elle n'est pas préparée avec les extraits aromatiques d'oignons, de bouquet garni mêlés et battus avec une égale quantité d'huile d'olive, de vinaigre et de poivre ; par ce mélange, on obtient le meilleur résultat possible en y faisant macérer, pendant un plus ou moins long espace de temps, soit un râble de lièvre ou de lapin, un cuissot de chevreuil, ou des filets de cerf. On peut également soumettre à la même macération le mouton, le bœuf, le porc et toute autre viande. Vous les arroserez, en cuisant, de leur marinade.

CONCLUSION.

Toutes ces recettes sont loin d'être des formules scientifiques de l'art culinaire, comme j'ai eu l'honneur de le dire ; mon intention n'a pas été, en offrant ce petit Formulaire, de donner des conseils ou d'enseigner la manière de préparer, mais bien de faciliter l'emploi de mes extraits avec cette faible clef. Les personnes qui s'occupent de cuisine pourront, par leur talent et leur bon vouloir, faire des préparations bien plus recherchées que celles que j'indique ; mais j'ai la certitude que toutes celles qui prendront la peine d'employer mes extraits convenablement, trouveront un grand avantage tant sous le rapport de la finesse du goût, que de l'économie qu'ils procurent, et par la promptitude avec laquelle elles pourront opérer. Par l'emploi de ces extraits, il est impossible de mal faire. On peut, à son gré et selon son goût, aromatiser n'importe quel mets, en y ajoutant plus ou moins d'extrait de l'arome que l'on aura eu l'intention de faire dominer, et cela à la minute et sans tâtonnement.

TABLE DES MATIÈRES.

9 782329 497525